▲ 刀耕火种

U0301013

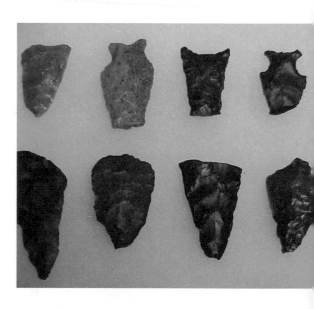

▲ 旧石器时代的打制石器

▲ 火灾救援

▲ 伊朗亚兹德的琐罗亚斯德教寺院
琐罗亚斯德教认为火是神圣的，拥有神秘的力量。

奇妙科学大探险

小心，火来了

奇妙科学大探险

小心，火来了

[韩]张吉秀/文
[韩]金永九/绘
林贤镐/译

天津出版传媒集团

天津教育出版社
TIANJIN EDUCATION PRESS

图书在版编目（CIP）数据

小心，火来了 /（韩）张吉秀文；（韩）金永九绘；
林贤镐译.—天津：天津教育出版社，2013.1
（奇妙科学大探险）
书名原文：Fire and Heat
ISBN 978-7-5309-6961-8

Ⅰ．①小… Ⅱ．①张… ②金… ③林… Ⅲ．①火—儿
童读物 Ⅳ．①TQ038.1-49

中国版本图书馆CIP数据核字（2012）第292548号

版权合同登记号：图字 02-2012-246

奇妙科学大探险
小心，火来了

出 版 人	胡振泰

作　　者	［韩］张吉秀
绘　　者	［韩］金永九
译　　者	林贤镐
选题策划	李　娟
责任编辑	常　浩
特约监制	田　静
封面设计	于　青
版式设计	尹　鹏

出版发行	天津出版传媒集团
	天津教育出版社
	天津市和平区西康路35号　邮政编码　300051
	http://www.tjeph.com.cn
经　　销	全国新华书店
印　　刷	小森印刷（北京）有限公司
版　　次	2013年1月第1版
印　　次	2013年1月第1次印刷
规　　格	16开（750×1120毫米）
字　　数	30千字
印　　张	7.25
书　　号	ISBN 978-7-5309-6961-8
定　　价	22.80元

我们的生活离不开飞速发展的科学技术。现代社会与科学技术联系紧密，互相影响，互相促进。孩子是我们的未来，但许多孩子都认为科学很难，要远离科学。他们不懂什么是科学，也不懂科学是怎么影响我们的生活的。因此，培养他们对科学的兴趣，提高其解决常见科学问题的能力是十分必要的。

我们在编写"奇妙科学大探险"这套丛书时深刻认知了这种事实，并为此专门研究了让孩子对科学教学感兴趣的方法。为了使孩子们在掌握教科书上的基本科学概念以外，养成对科学进行广泛探究的态度，并自觉地学习科学，在编写形式上我们最终选择了漫画这一特殊的载体，以激发孩子们阅读的兴趣。

监制 | 曹景哲 博士

出生于平安北道，毕业于延世大学，在美国宾夕法尼亚大学研究生院取得了天文学学位。在美国海军天文台、美国国家航空航天局、延世大学和庆熙大学担任过教授。通过转播宇宙飞船"阿波罗"号的月球着陆而被誉为"阿波罗博士"，目前担任韩国宇宙环境科学研究所所长。曾执笔包括宇宙物理学、天文学等170余本与科学相关的书籍。

监制 | 金正律 博士

毕业于首尔大学，取得了地球科学硕士学位和博士学位。历任韩国地球科学会副会长、大学入学教学能力考试和教员任用考试出题委员、头脑韩国研究事业队队长等。目前是韩国教员大学地球科学教育课教授。著作有《地球环境科学》《地球科学概论》《中学地球科学》《高中地球科学》等。

监制 | 尹茂富 博士

毕业于庆熙大学生物系，在该校的研究生院取得了硕士学位，在韩国教育大学研究生院取得了博士学位。曾担任过首尔市动物咨询委员、文化部文化财产专员、庆熙大学生物学教授。著作有《韩国的鸟》《韩国的天然纪念物》《韩国鸟类生态图鉴》等。

作者 | 张吉秀

前韩国日报社青少年图书主编，毕业于东亚大学，历任出版社和报社主编，目前为动画作家和漫画教育家。曾出版《神，你在哪？》《画眉》《意识翅膀的天使》《白凡金九》《美国史》《英国史》《教科书原理科学教学漫画》（20本）《哲学家与人物焦点》（10本）等众多优秀作品。

绘者 | 金永九

韩国漫画家协会、韩国出版美术家协会、韩国文化人协会会员。在韩国广播公司做过与动画片故事相关的工作，荣获众多优秀儿童漫画奖。有多部作品在《首尔报》《少年中央》等报刊连载，出版过多部漫画作品。代表作《黄牛和田螺》自出版后便广受读者喜爱。

参考文献

《世界科学技术史》《韩国科学技术史》《科学用语大辞典》《伟大的科学家们》《东西洋科学史》《科学技术和社会》《尖端科学的未来》《首尔大学推荐图书·科学技术篇》

资料协助

韩国科学研究院、KIST图书信息员、韩国图片网、韩国科学资料研究会·科学教育映像媒体

人物简介

艳智:

　　双胞胎之中的女孩, 聪明好学。和坤智默契十足, 回答问题时总是一起举手。体贴善良, 对于打乱了爸爸妈妈的旅行计划, 感到非常抱歉。

坤智：

    双胞胎之中的男孩，灵气十足。和艳智默契十足，也因打乱爸爸妈妈的旅行计划，感到抱歉，还专门出了主意，想为他们赢得一次旅行大奖。

余俊都博士：

    非常期待能和妻子一起出游，但由于双胞胎的课后作业，周末只能留在研究所教授双胞胎火与热的知识。博士编造了生动形象的故事向双胞胎讲解人类使用火的历史，帮助双胞胎学到了很多关于火的知识。

目录

燃烧与熄灭

4

着火点: 某种物体在空气或者氧气中被加热后开始自然燃烧的最低温度。同"燃点"。

同时点燃两根蜡烛，

以便统一两个烛焰的大小。

然后用两个高度不同的玻璃杯同时罩住两根蜡烛。

好好观察一下，哪个杯子的火先熄灭。

用小杯子罩住的蜡烛先灭了。

稍后用大杯子罩住的蜡烛也灭了。

那是因为杯子越小，里面的空气就越少。

将蜡烛点燃，

用烧杯把蜡烛罩住。

蜡烛熄灭的同时烧杯里的水涨起来了。

哇，好神奇。

烧杯里的氧气被燃烧的蜡烛消耗了，氧气消耗了多少，水就涨多少。

这就证实了氧气帮助燃烧的说法。

真的啊，氧气烧尽之后蜡烛就熄灭了。

如果建筑物着火，用水把温度降到着火点以下，就能灭火。

过来，火！

我讨厌冰冷的水！

水会被火的温度蒸发掉。

我们同归于尽吧，火！

吱吱吱

呜呜呜……

此时被蒸发的水蒸气会包裹住物体，并通过阻止新鲜空气（氧气）的供应来熄灭火。

燃烧有条件，熄灭也有条件。

熄灭的条件

1. 没有可燃物。
2. 阻止空气（氧气）的供应。
3. 温度降低至着火点以下。

观察一下，消防员是怎么灭火的。

树木、纸张等着火时要喷水。

哔哔

用被子或者地毯扑灭火。

还可以使用灭火器。

燃点与燃烧生成物

某种物质着火燃烧所需要的最低温度叫做这种物质的燃点。同"着火点"。

由于每种物质的燃点不同，点燃的温度也不同。做一下关于燃点的实验吧。

将铁板放在三脚架上，撒上火柴和木条，并将其散开。

点燃酒精灯。

观察铁板上的火柴头和木条。由于火柴头会突然着火，因此观察时不要靠得太近。

物质的燃点和燃烧

· 当物质的温度高于燃点时物质会燃烧。
· 若物质的温度低于燃点时物质不会燃烧。
· 物质的温度还未到达该物质燃点前是不会烧起来的，一旦到了燃点就会燃烧。

因为每种物质开始燃烧的温度都不同，所以其燃点也不同。

好，整理一下思路，什么叫燃点？

燃点就是某种物质开始燃烧的温度。

那么物质燃烧时会有什么变化？

产生火花，

产生烟，

产生炭黑。

炭黑：煤、石油等燃料不完全燃烧后所形成的细小颗粒。

那么纸、木头等燃烧后，原来的物质到哪里去了呢？

因为被烧掉了，所以消失了。

都变成烟了。

变成了木炭和灰。

燃烧包括完全燃烧和不完全燃烧。

完全燃烧指一定量的物质由于氧气的供应充分，因此 完全烧尽。

不完全燃烧指的是由于氧气的供应不够充分，因此燃烧产物中还含有某些可燃性物质。

燃烧生成物指的是物质燃烧时，根据化学变化形成的与原来的物质相异的物质。

像我煤炭一样的化学燃料燃烧时会产生水和二氧化碳。

煤炭

如果燃烧的物质包含碳，就能产出二氧化碳。

16

如果燃烧的物质包含氢，就能生成水。如果包含碳、氢、氧就能生成二氧化碳和水。

还有，如果物质包含碳、氢、硫，就能生成二氧化碳、水、氧、二氧化硫。

把玻璃板放到蜡烛上面。

哇！

产生了越来越浓的炭黑，老师！

把玻璃瓶罩在蜡烛上面。

还是产生了炭黑。

还有水滴呢，老师！

18

把炭粉和炭黑放在燃烧的酒精灯上看看!

两个都产生了相同的现象，老师!

它们都燃烧，并发出亮光。

由于两个在燃烧时都发出亮光，因此它们含有同样的物质——碳。那蜡烛燃烧时产生的是什么物质啊?

碳、水、二氧化碳!

整理一下到目前为止的实验结果，仔细听。

蜡烛燃烧的过程

1. 固体状态的蜡烛加热会变成液体状态。

2. 液体状态的蜡烛随着灯芯往上流。

3. 灯芯里含着的液体成分会变成气体。

4. 气体成分中的氢和氧相结合，成为水蒸气。

5. 碳与氧相结合，成为二氧化碳。

6. 在此过程中会产生光和热。

20

最早使用火的人类

23

26

大约在 50 万年前，地球上生活着人类的祖先——北京猿人。

我们是北京直立人，也叫北京猿人。

北京猿人

北京猿人的化石出自北京周口店附近的一处洞穴堆积中，属于已灭绝的直立人。北京猿人是从古猿进化到智人的原始人类。

我们已经能够使用火。

他们生活在 20 万 ~70 万年前，过着采集为主，狩猎为辅的生活。

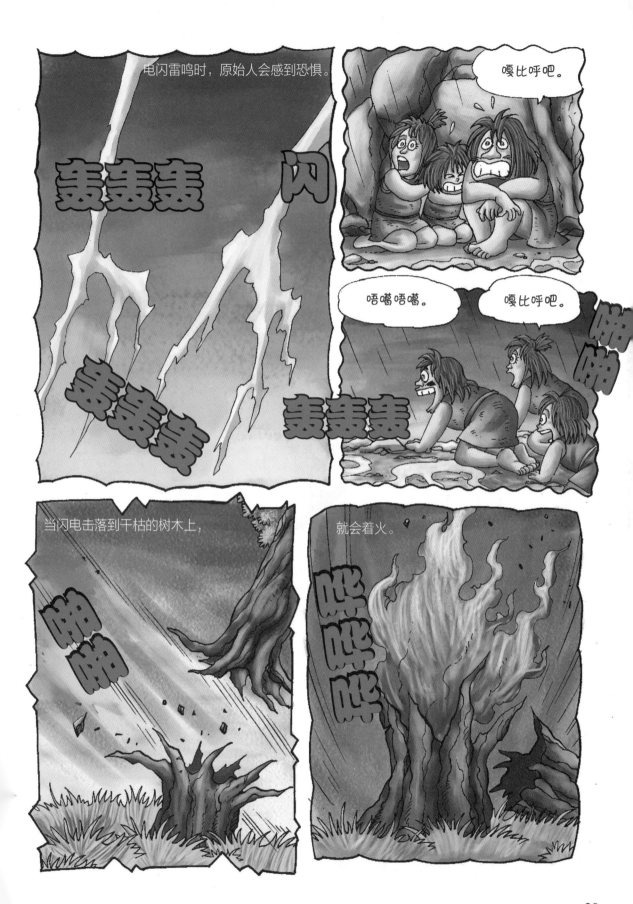

第一次看到红彤彤的火，原始人非常害怕。

嘎比呼吧。

唔噶唔噶。

唔堂，咔堂。

看到别的原始人或者动物被烧死，他们会更加恐惧。

啊，好烫。

呜呜呜……

但那时候的人们也懂得，靠近火会暖和。

唔噶唔噶。

嘎比呼吧。

唔堂咔堂。

唔噶唔噶。

嘎比呼吧。

我们生活在洞穴中。

洞穴可以抵挡风霜雨雪。

但这里又冷又潮。

要是能把暖和的火带进洞穴就好了。

原始人在偶然的机会吃到了被烧焦的动物的肉。

都烧焦了。

好像里面还可以吃……

味道真好。

你也吃吃看，比生的更好吃。

噗噗

吧唧

唔噶唔噶，烧焦的野猪肉更好吃。

嘎比呼吧，很美味。

真的吗？

当时原始人没有语言，我这是为了有趣儿添上去的。

我也知道，爸爸。

快讲下一个故事吧。

原始人知道烤熟的肉比生肉更好吃，从那时候开始……

打猎时发现哪边着了火，就会扔下猎物，朝那里跑去。

嘎比呼吧！

那边的森林着火了。

哎呀，我这次死定了。

去吃好吃的烤肉吧。

天气也冷，去烤烤火吧，唔嘎唔嘎。

我要把着火的树枝带到洞穴里去。

??

开始取火的人类

从此之后，拥有火种的部落和没有火种的部落之间频繁发生战斗。

火还能用来抵御猛兽。

没有火种时，在洞穴里睡觉的原始人经常会因老虎、狮子、狼、熊等猛兽的袭击而丧命。

35

啊！怎么办？火灭了。

如果三天之内不能带回火种，就判你全家死刑。

我哪有办法找来火种啊？

老公，我们该怎么办才好？

救救我，爸爸。

呜呜

为了救家人，跑进邻村去偷火，结果被发现了。

站住，你这个小偷！

妈呀！

老天爷！求求你打个雷，弄个山火吧。

嗖嗖嗖嗖

37

找一些干树叶放在
上面再摩擦……

啪啪啪啪啪

哇！有火苗了。

呼……呼……

啊！

火生起来了，可以
救回我的家人了。

爸爸！这该不会是你想让我们开心，故意编出来的吧？

好家伙，真有眼力……

坤智，你就当这是事实不可以吗？

那时候还处在新石器时代晚期，没有出现语言。我是为了让你们更好理解，才编出来的！

山火不仅可以由雷电和太阳产生，

哗哗哗哗

还会因强风而产生。

嗖嗖嗖嗖

对！刮大风时，树枝之间会相互摩擦，也有可能着火是吧？

火的使用

那时候，人们也会将洒了油的绳子点着，把动物集中驱赶到一个地方，再开始打猎。

部落之间的战斗也用到了火。

41

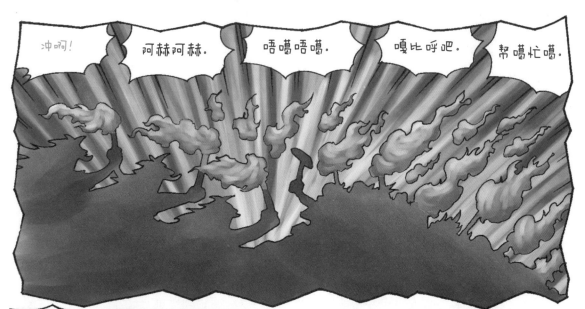

公元前 7000 年左右，新石器时代的人们开始了农耕，大片的草地和森林被烧掉。

被烧掉的地方出现了旱田。

从那时候开始，出现了砍树烧荒的刀耕火种。

现在，在亚马逊和东南亚的热带雨林、温带等地区生活的人们依然使用这种方法种田。

从公元前 7000 年，人类发现火到公元前 4000 年为止，各种生火的工具被开发了出来。

左边的是生火用的锥子，右边的是弓锥子。

此外，还有点火犁、点火锯、火石。

火石是用石英制造的吧？

火石是最发达的生火工具吗？

石英：最硬的造岩矿物之一，由二氧化硅构成，是沙子的主要成分。

45

火石

　　火石非常硬，通过与火镰摩擦溅出火花来生火。火石也叫燧石，有灰色、褐色等多种颜色。火石多由石英构成。石英的硬度为 7 级，坚硬又细密，不易破碎。把干草放在火石上，用另一块火石击打，会产生火花。花岗岩和砂岩虽随处可见，但其强度较弱，不适合用做火石。

火的革命

火的地位与现今已得到广泛应用的电和原子能不相上下。

原始人以火炉为中心聚集在一定的场所后，原始社会迅速组建起来了。

开始用火加工食物后，人类可以享受各种料理了。

熟食可以减少寄生虫的感染，也减少了人类的健康隐患。

48

在烹饪食物的过程中，人类开始掌握烹饪的技巧和加工方法。

剖开大马哈鱼的腹部，取出肠子。

拿去晒干。

在冬天烤着吃会很好吃。

而且，人类已懂得用火烘烤泥制器皿，制陶技术也开始出现了。

烧制陶瓷

高温制陶促进了冶金技术的诞生，揭开了金属时代的序幕。

铛铛

扑哧哧哧

火拥有两面性：一个是生产，

另一个是破坏。

着火了！

好好利用火，能给人们的生活带来很大的帮助。

还有人力不可抗拒的火，比如火山爆发时喷出的熔岩。

山火会引来灾祸。

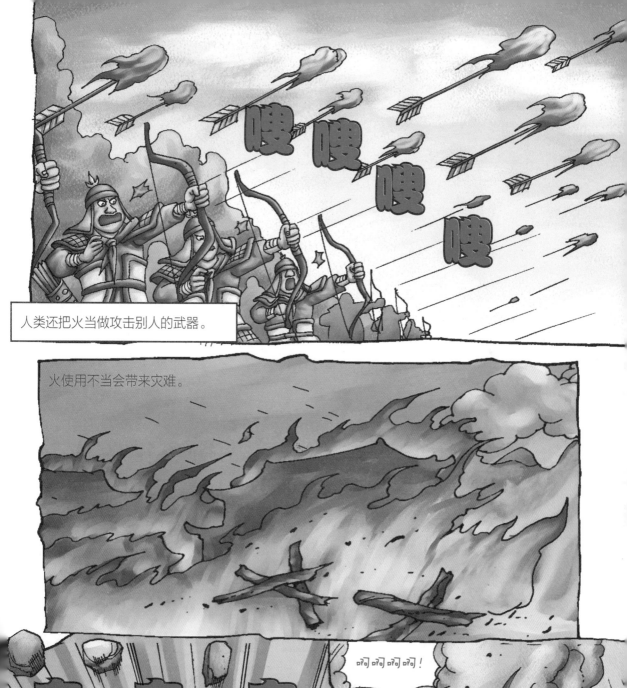

人类还把火当做攻击别人的武器。

火使用不当会带来灾难。

火拥有光和热这两种性质。

好呛

出来了!

古人很好地利用了火的两面性。

感觉好好吃。

不过，一旦疏于管理，火就会瞬间烧尽一切。

山火爆发

不管怎么样，人类自从拥有火之后，就从自然和野生转到了文明的状态。

新石器时代的
磨制石器

旧石器时代的打制石器

所以说，火在原始人蜕变成文明人的过程中起到了很大的作用。

所以原始人才会把火当成崇拜的对象啊。

供奉太阳神也是出于这种原因吧，爸爸？

火的神话和仪式

给，两个都拿去吧！

妈呀！

谢谢。

嘿嘿，死亡也拿去吧……

嗖

嗷！

啊！

南美洲和澳洲的神话中，有火源自女人的传说。

作为神话，也够粗略了。

真是不像神话的神话啊。

也有从蛇身里取火的神话。

吱吱

哗哗哗

新几内亚的马琳度族相传着男女之间相爱就能产生火的神话。

我爱你，亲爱的。

我也是。

埃庇米修斯：普罗米修斯的弟弟，也是潘多拉的丈夫。埃庇米修斯刚好与哥哥相反，是"后知者"的意思。

人类崇拜火，火也因此被神化。

我们印度人崇拜火神阿格尼！

所以要守住阿格尼的化身——圣火。

古罗马派遣女祭司维斯塔贞尼侍奉圣火。

希腊人移居时，会很珍重地搬运赫斯提亚女神（希腊神话中的女灶神、家宅的保护者）的圣火。

火，您是最为神秘、永不改变的真理。

您拥有神圣的力量。

为了人类从天而降的火神！

伊朗的琐罗亚斯德教徒们把拜火作为他们的神圣职责。

西伯利亚的土著民崇拜火神，污水或脏东西必须远离火。

是谁把尿壶放在火前面的？

啪

铿

天啊，老公，你伤着孩子了！

啊！

在非洲的一些地方，火要远离秽物。

哎哟，急死我了。

噗噜

噗噜

厕所太远了。

噗噗

啊啊啊

不管了！随便拉在别人看不到的地方吧。

扑哧

扑哧

居然在离火还不到100米的地方大便！判他死刑！

酋长，饶了我吧。

墨西哥的阿兹特克人和秘鲁的印加人利用金属做成凹面镜聚集阳光来生火。他们也崇拜火神。

墨西哥的阿兹特克文明遗址

我是希腊伟大的哲学家亚里士多德！火与水、土、空气一样，是构成万物的必要元素。

喂！这可是你的老师我柏拉图先主张的。

火是创造必需的力量！

火神是众神与人类之间的中介者，火神和灶神也被认为是家的守护神。

很久以前，人类为火和火神举行祭拜仪式。

火神，请保佑我们琐罗亚斯德教徒！

伟大的火神阿格尼！请保佑我们！

愿火神永存！

中国有在农历年末送灶神到天上再迎接回来的仪式。

我们把灶神送回天上了。

请您慢走。

什么时候回来啊？

来的时候麻烦您通知一下。

在蒙古，吃饭前会先把肉和奶祭献给火神。

火神，请您吃肉。

喝完这碗奶，请赐给我们夫妇一个孩子吧。

啊！马奶倒多了，火灭了。

居然那么对待火神，他能给我们孩子吗？

啊啊啊啊！

啪

与火有关的庆典，较为有名的是中国彝族的火把节和日本的焰火晚会。

日本举行的与火有关的庆典

不只中国有祭献火的仪式。

我们日本也有祭献火的仪式。

以前我们阿兹特克也有祭献火的仪式！

此外，还有很多国家和民族崇拜火。

很多国家把太阳和火当做神来崇拜。

唔噶唔噶。

嘎比呼吧。

火可以使人聚集在一起，使他们团结起来。

唔噶唔噶。

嘎比呼吧。

唔堂唔堂。

吧啦，不拉拉嘎。

耶

在有的地方，"火"有家族的意思。

古希腊语中家族是"EPSTION"。

"EPSTION"是"围绕在炉灶边的人"的意思。

在我们意大利，火指的是家族。

在北美洲，部落联合体易洛魁联盟以
圣火为联合的象征。

北亚的布里亚特族和雅库特族认为火是神圣的，因此不烧不洁的东西。

火是神圣的，所以不能把垃圾之类的脏东西丢进火里！

这就是真理，谁敢违背？

滚开，到那边做饭去！

不许靠近神圣的火！

居住在密克罗尼西亚联邦的雅浦岛上的人认为女性是不洁的，她们身上的污垢会传染。

这个火炉是男人专用的，到别的火炉去烧饭，快！

他们认为要驱赶污垢，保护纯净的火。

密克罗尼西亚联邦: 位于太平洋中西部的岛国，由六百多个大小岛构成。

67

火的保存

当时，存续火苗是媳妇的第一大职责。

不能让火苗熄灭……

不睡吗？

老公，你先睡吧。我怕火苗会熄灭，实在是放不下心。

我的天啊，该死的火苗。

嗒

哎呀！

砰

啊！火苗要熄灭了。

呼呼

呼呼

宗家：在族谱中只以家中的长子延续下来的家族。

自然之火指的是火山、强风、太阳、闪电引起的火。

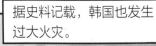

据史料记载，韩国也发生过大火灾。

最早的记录是新罗祇摩王在位期间。

新罗祇摩王陵

三国时代和高丽、朝鲜时代也有许多火灾的相关记录。

对自然之火，古代的人们是这样说的：

轰轰

哗哗哗

75

据记载，在新罗真平王和朝鲜的世宗、文宗时发生地火的次数较多。

我们韩国的原始人也懂得利用摩擦生火。

火还没生好吗?

稍等!

嗖嗖嗖

咳,连火都不会生,还算什么老公啊!

你说什么?

呵呵,好玩儿。是庆尚道的原始人啊!

早在2世纪时,韩国人就懂得利用凸透镜聚光生火。

虽然如此，庶民并不是想要火就能获得火，那是件几乎不可想象的事情。因此一般的家庭会为了保住火苗而费尽心思。

我们不需要连火苗都看不好的媳妇，给我出去！

婆婆！饶了我这一次吧，下次再也不敢了。

据记载，朝鲜时代的朝廷每到立春、立夏、立秋、立冬时就会生火。

清明或者寒食时兵曹利用柳树生火进贡王，王把这些火苗分给大臣。

来来，这是新火！卿家们每人带走一个火苗吧。

圣恩浩荡。

圣恩浩荡，殿下！

兵曹：朝鲜时代，在宫廷里护卫王的官衙。

火柴的历史

磷：一种非金属元素，含在动物的骨头、磷矿石等中，在黑暗的地方能发光。

博伊尔虽然发现了火柴的原理，但没能让火柴成为商品。

万岁！英国的化学家约翰·沃克制造出火柴了。

终于在 1827 年首次研制出了火柴。

这样随便摩擦，就能……

嘿

啪

唔，怎么点不着火呢？刚刚还好好的。

啪

约翰·沃克，你都把记者招来了！

这是在做什么啊？

一大早居然就开始开玩笑了！

啪

怎么不行啊？

啪

啊，着火了！

难道你就听不到国民们的不满吗？

阁下，您以为您那么讲，我就会让步吗？

被打一顿后放弃，还是直接放弃？

我放弃专利权，阁下！

结果，在美国总统的要求下，火柴公司最终放弃了专利权，从此之后火柴开始大众化了。

着火了！

着火了。

火柴的大众化也带来了吸烟泛滥和火灾频繁发生的后果。

我们是抽烟抽多了得肺癌而死的灵魂！

我们是用火柴玩火而被烧死的灵魂！

当利用黄铁矿与粗糙的金属表面摩擦而产生火花的打火机被广泛使用后……

好不容易被开发出来的火柴也被挤出去了。

呜。

啪

打火机的原理与利用火石生火的方法类似。

嗒嗒

嗒

?

1906 年，奥地利的贝尔斯巴赫

利用铁和铈的合金制作点火石，然后加上石油精……

万岁！发明打火机了。

这种液体打火机通过第一次世界大战和第二次世界大战，传播到了全世界。

如果没能制作出液体打火机，在这种刮大风的战场上怎么抽烟啊？

哽哽

如果带的是火柴，估计根本就抽不了烟。

1946年，法国的一家公司开发出了以液化石油气为燃料的丁烷打火机之后，液体打火机的王者之位也被推翻了。

永远的胜者是不可能存在的，现在明白我当时的心情了吧？

我是气体打火机！

砰

啪

G-4

火柴

但气体打火机也被电子打火机比了下去。

新的冠军，电子打火机！

哇啊

哇啊

电子打火机

液体、气体打火机隔一段时间之后需要更换火石才能使用，但电子打火机可以半永久性地使用。

物质	着火点
红磷	260 摄氏度
木材	400~470 摄氏度
橡胶	350 摄氏度
白磷	60 摄氏度
酒精	482 摄氏度
木炭	360 摄氏度

那个时候，人们知道了煤炭和石油。

我想免费把石油灯赠给大家。

哎呀呀，真是免费的吗？

还以为就只有鼻子长，没想到心地也这么善良。

谢谢，谢谢。

USA 石油灯

老婆，把那盏油灯丢掉。现在开始用这种石油灯吧。

这个就是可以很亮的石油灯吗？

从这时候开始，人们不再用油灯，改用石油灯。

USA

但石油用完后，灯就会灭掉。

这，这是怎么回事？

难道是坏了吗？去找那个大鼻子吧。

你好，这个好像坏了，帮我修一修吧。

哦，欢迎！只要继续放石油就可以了，费用是五两。

卖燃料

为了生火，人们最先使用的是木材。

1960 年之后，煤炭的使用量剧增，出现了蜂窝煤。

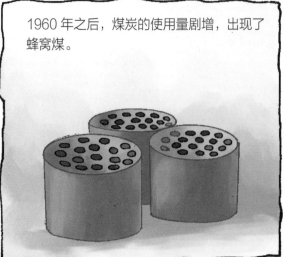

1964 年，韩国开始生产丙烷液化气，液化气的使用量也开始增加了。

嗖
嗖

液化气到了！

炸鸡店

关于火就讲到这里，接下来学习热吧。

1970 年初，煤气工厂出现，城市开始供给煤气，一直到今天。

热与能量

热是能量的一种，可以提高物体的温度，还可以改变物体的状态。

把装有水的小锅放在电灶上点火。

水的温度会逐渐上升。

这是因为热能传送到了水中。

咕嘟　　咕嘟

水的温度达到 100 摄氏度，水会汽化成水蒸气。

虽然温度不变，但从固体变化成液体、从液体变化成气体都是因为热的存在。

汽化：物质从液体变化成气体的现象。

由于热是能量的一种，能量也能转换成热。你们快速搓一下手掌。

好热！

那是因为能量通过摩擦转换成了热能。

汽车的引擎将热能转换成动能。

电能也能转换成热能。

啊，好暖和。没想到睡在电热毯上会这么暖和。

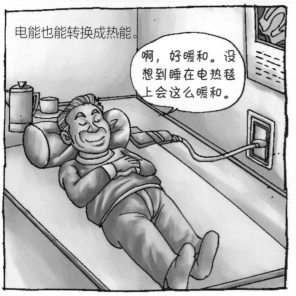

我是温暖的物体。

我是冰冷的物体！

热烘烘

冷飕飕

94

如果我们互相拥抱，那么我的热……

会传达到我的身体上，因此我的温度会逐渐变高。

热从温暖的物体传达到冰冷的物体，这种热的移动叫热传导。

温暖的热 → 冰冷的物体

热传导

等到两个物体的温度相同，热就不再移动。

变暖和了吧？

嗯，谢谢！

热烘烘

热烘烘

这种状态叫热平衡状态，研究热与力量的学科就是热力学。

热力学

一般测定热量的单位是卡路里，1卡路里等于1毫克水升高1摄氏度所需的热量。

热是能量的一种，能量共同的单位是焦耳，它们之间的转换公式如下：

$1 cal = 4.186 J$

文明使人类生活得更为舒适，但应用不妥也会带来灾难，最为典型的例子就是火的发现。

收尾收得也很好。

爸爸万岁！

不管怎么样，这可怎么办啊？

爸爸好不容易才有机会和妈妈一起旅游，都怪我们……

你们开心就好了，下次有机会，再去旅游就可以了。

吱吱

老婆，还在生气呢？

妈妈，对不起！

I2
蓝村

不要再生气了嘛！

人类文明发展的奠基石——火

可燃性物质燃烧时所发出的光和热就是火。对于人类来说，火是必不可少的。人类通过使用火创造了文明。

很久以前，人类只能使用闪电等带来的自然火，后来才慢慢开始学会取火。但人类最早什么时候开始使用火，世界考古学界尚未定论。

 # 火的使用

新石器时代的人类通过使用摩擦器具和火石来取火。但此时通常都是保住火苗，还不能够自如地生火。

人类自从自由使用火之后，不仅利用火煮熟食物，取暖，还将火用于战争。为了更容易找到猎物，人类学会了烧荒的方法。

新石器时代，人类开始农耕之后，通过烧掉草地和树木来获得耕地，这种耕种法叫做刀耕火种。至今热带地区和一部分温带地区的人们还在使用这种方法耕种。

取火

经过了很长的一段时间，人类才能够自主地取火。到目前为止还未曾发现新石器时代之前的人类生过火的证据。

原始人生火时最为常用的方法是通过摩擦溅出火苗。这种方法是把较硬的木头弄尖利一些，然后在较软的木头上打一个小孔，把尖利的硬木放进去，再利用手掌旋转锥子来生火。19世纪，欧洲发明了金属点火活塞。1827年，英国的化学家约翰·沃克发明了可以摩擦生火的火柴。

新石器时代后期，农耕文明发展起来，火功不可没。人类不仅饮食、开垦、取暖和照明都要用到火，而且制陶、冶炼青铜和铁时也要用到火。人类开始使用的新能源几乎都是从火那里获得的。

据了解，人类历史上不会生火的人群只有孟加拉湾的安达曼族和刚果的少数矮人族。

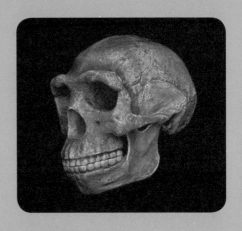

▲ 北京猿人
在周口店的北京猿人的遗址里发现了使用过火的痕迹。

▲ 点火犁
点火犁是原始人点火用的工具，在现代发展成火柴、打火机等。

99

火和宗教

古代的吠陀经中认为阿格尼，即火是存在于人类和神之间的使者。直到如今，婆罗门族人还因火崇拜而守护圣火。古代罗马人派遣 4 名信奉女灶神的处女守护着永存的圣火，希腊人在搬家时会无比珍重地搬运赫斯提亚女神的圣火。

伊朗琐罗亚斯德教徒们崇拜火，认为火拥有神秘而神圣的力量。在西伯利亚的一部分原始部族、非洲和美洲的一部分地区，人们认为秽物不能靠近火。墨西哥的阿兹特克人和秘鲁的印加人也崇拜火神，他们利用凹面镜聚集太阳光来取火。

伊朗亚兹德的琐罗亚斯德教寺院

琐罗亚斯德教认为火是神圣的，拥有神秘的力量。

▲ 山火爆发

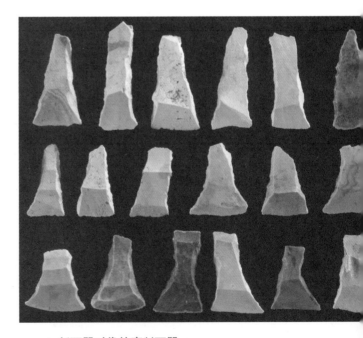

▲ 新石器时代的磨制石器

▲ 墨西哥的阿兹特克文明遗址

▲ 点火犁
点火犁是原始人点火用的工具，在现代发展
成火柴、打火机等。